图解 电力作业现场
严重违章及释义

国网河北省电力有限公司安全监察部 组编

中国电力出版社
CHINA ELECTRIC POWER PRESS

U0743613

图书在版编目（CIP）数据

图解电力作业现场严重违章及释义 / 国网河北省电力有限公司安全监察部组编 . -- 北京：中国电力出版社，2024.9（2024.10重印）-- ISBN 978-7-5198-9330-9

Ⅰ . TH08-64

中国国家版本馆 CIP 数据核字第 20247JW132 号

出版发行：中国电力出版社
地　　址：北京市东城区北京站西街 19 号（邮政编码 100005）
网　　址：http://www.cepp.sgcc.com.cn
责任编辑：孙　芳（010-63412381）
责任校对：黄　蓓　王海南
装帧设计：沈阳红石榴文化传媒有限公司
责任印制：吴　迪

印　　刷：北京九天鸿程印刷有限责任公司
版　　次：2024 年 9 月第一版
印　　次：2024 年 10 月北京第二次印刷
开　　本：787 毫米 ×1092 毫米 32 开本
印　　张：3.75
字　　数：54 千字
印　　数：10001—14000 册
定　　价：38.00 元

编 委 会

前　言

　　习近平总书记深刻指出："推动创新发展、协调发展、绿色发展、开放发展、共享发展，前提都是国家安全、社会稳定。没有安全和稳定，一切都无从谈起。"因此，牢固树立安全发展观念，坚持人民利益至上，是坚持党的群众路线，实事求是做好安全工作的具体实践。从安全生产到安全发展，不仅是一次重大的理论建树，更是新时期进一步加强安全工作的总纲领、总标准。在改革发展的大背景下，电网企业的安全工作被赋予了更加特殊的意义，其安全需求更加迫切，安全问题更加复杂，安全管理更加关键，安全约束更加严苛。复杂多变的外部环境给队伍建设提出了更高的要求，"人"既是安全发展的关键因素，也是安全工作的薄弱环节，唯有促其勤思善学、勇于担当、开拓进取，方能培育其安全习惯，提升其安全素养。"明者防患于未萌，智者图患于将来"，教会员工主动防范、提前预控违章行为是杜绝事故的良策，关键要通过建立简化机制、可视机制，变违章行为感性认识为理性认知，从意识强化、规程认知、技术技能培养等方面培塑本质型安全人。

安全是生命之本，违章是事故之源。电力企业的安全生产反违章工作是确保安全生产的重要环节。为规范电力生产现场管理，提高各级人员安全意识，推进现场标准化作业，规范安全行为，杜绝安全事故发生，国网河北省电力有限公司安全监察部组织编写了《图解电力作业现场严重违章及释义》。

本书对《国网安监部关于优化调整严重违章查治工作的通知》（安监二〔2024〕24 号）中列出的 35 条严重违章，结合实际进行了梳理，便于日常应用。本书中的案例，均来自近两年国网总部及国网河北省电力有限公司开展"四不两直"安全督查发现的违章，从违章现象、违反释义两个方面进行了说明。这些发生在我们身边的案例，通过通俗易懂的语言进行解读，使读者方便了解、易于接受；通过现场真实的图片进行展示，并辅以违反的安全规程条款及管控措施，有利于生产一线员工结合实际查找身边的违章，深入剖析违章原因，自查自纠，自觉反违章、不违章，增强遵章守纪的自觉性。

本书以实际案例指出了在电力生产中发生的典型违章行为，对于加强反违章管理具有重要意义。鉴于本书作者知识面及经验的局限性，书中错漏之处在所难免，敬请广大专家和读者批评指正。

编者
2024 年 9 月

目 录

目 录

目 录

目 录

01

图解 电力作业现场严重违章及释义

第一部分　概述

1

一、严格认定违章

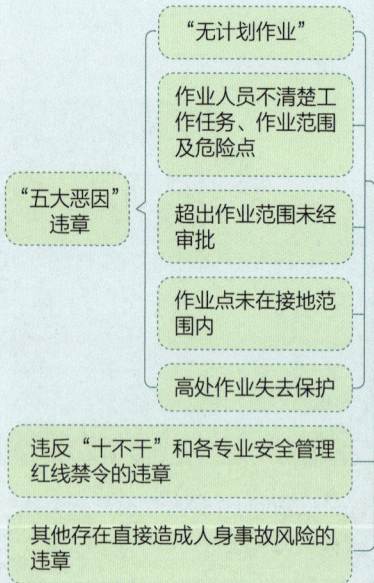

```
                              ┌─ "无计划作业"
                              │
                              ├─ 作业人员不清楚工
                              │  作任务、作业范围
                              │  及危险点
                              │
"五大恶因" ──┤─ 超出作业范围未经
违章                          │  审批
                              │
                              ├─ 作业点未在接地范
                              │  围内
                              │
                              └─ 高处作业失去保护

违反"十不干"和各专业安全管理
红线禁令的违章

其他存在直接造成人身事故风险的
违章
```

严重违章

本次优化调整，严重违章由 237 项（Ⅰ类 30 项、Ⅱ类 64 项、Ⅲ类 143 项）精减到 35 项（105 条），不再区分Ⅰ至Ⅲ类。原严重违章条款在本次调整中未保留为严重违章的，按照一般违章管理。

各单位要严格执行国网公司统一发布的严重违章认定标准，不得扩大严重违章范围或另行制定"红线违章""恶性违章"等认定标准。

二、严格严重违章惩治

总部查出的严重违章，对责任人和负有管理责任的人员对照《安全工作奖惩规定》关于五级安全事件的惩处措施处罚：

❶ 对主要责任者所在单位二级机构负责人给予通报批评。
❷ 对主要责任者给予警告至记过处分。
❸ 对同等责任者给予通报批评或警告至记过处分。
❹ 对次要责任者给予通报批评或警告处分。
❺ 对事故责任单位（基层单位）有关领导及上述有关责任人员给予3000~5000元的经济处罚。

总部查出的严重违章纳入省公司级单位企业负责人业绩考核：

❶ 对作业实施单位的上级省公司按主要责任考核。
❷ 对监理、建设（检修）管理单位的上级省公司按次要责任考核。

落实"严控严防重特大人身事故硬措施"不到位的违章，按照严重违章处罚，该类违章以及已经造成事故（事件）的严重违章不适用"查三免一"。

同一年度内同一省公司级单位被总部查出的第一起严重违章，约谈该单位专业分管负责人，自第二起始，约谈该单位"一把手"。

三、加强工作部署推进

各单位要按照《国网安监部关于优化调整严重违章查治工作的通知》（安监二〔2024〕24号）部署，结合反违章工作新要求和工作实际，加强组织领导，健全工作机制，完善配套制度，有效推进工作落地。要加强工作宣传，及时将相关要求传达至各级安全监督部门、专业管理部门和工区、班组、作业现场，组织开展严重违章条款学习，对照条款自查自纠。

四、做好工作总结提升

各级安监部门要对照"现场查违章、专业治违章"要求，密切关注各专业、各层级严重违章查治工作，组织开展经验交流，促进公司系统反违章工作水平共同提升。

02

第二部分　严重违章释义

一、无计划作业

1. 安全风险管控监督平台无日作业计划（含临时计划、抢修计划）。

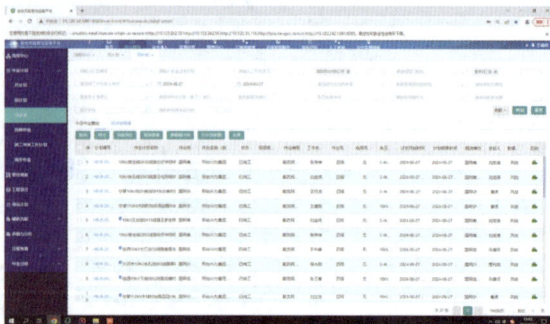

违章现象： 当日安全风险管控监督平台中无此作业计划。

一、无计划作业

2.安全风险管控监督平台中日计划未开工，现场已开展作业；现场作业过程中，计划状态为取消、完工等状态。

违章现象：当日安全风险管控监督平台中为未开工状态，现场已开展作业。

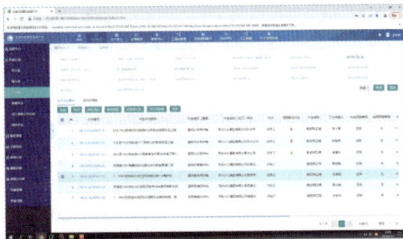

违章现象：当日安全风险管控监督平台中已完工，但现场仍在施工作业。

二、作业人员不清楚工作任务、工作范围、危险点

1. 工作负责人（作业负责人）不了解现场所有的工作内容，不掌握危险点及安全防控措施。

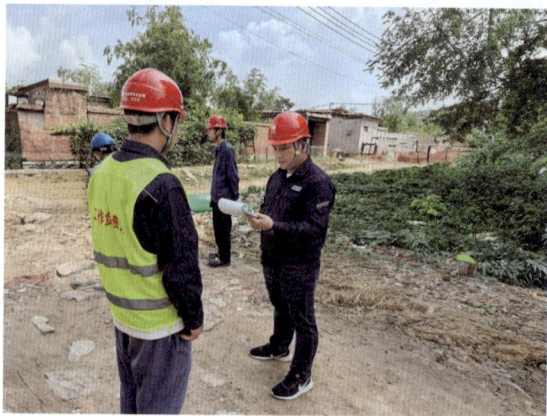

违章现象：

现场询问工作负责人危险点及安全防控措施，未全部正确回答。

二、作业人员不清楚工作任务、工作范围、危险点

　　2. 专责监护人不掌握监护范围内的工作内容、危险点及安全防控措施。

违章现象：

现场询问专责监护人危险点及安全防控措施，未全部正确回答。

9

二、作业人员不清楚工作任务、工作范围、危险点

3. 作业人员不熟悉本人参与的工作内容，不掌握危险点及安全防控措施。

违章现象：

现场询问作业人员，未回答出危险点及安全防控措施。

三、超出作业范围未经审批

　　1. 在原工作票的停电及安全措施范围内增加工作任务时，未征得工作票签发人和工作许可人同意，未在工作票上增填工作项目。

违章现象：

新增立杆工作任务，未在工作票上增填工作项目。

三、超出作业范围未经审批

2.原工作票增加工作任务需变更或增设安全措施时，未重新办理新的工作票，并履行签发、许可手续。

违章现象：

原工作票增加工作任务需变更安全措施时，未重新办理新工作票。

四、作业点未在接地保护范围

1. 装设接地线（接地刀闸）前未验电。

违章现象:

装设接地线前未验电。

四、作业点未在接地保护范围

　　2. 停电工作的设备或地段，可能来电（包括反送电）的各方未在正确位置装设接地线（接地刀闸）。

违章现象：

漏装接地线。

四、作业点未在接地保护范围

3. 作业人员擅自移动、拆除接地线（接地刀闸）。

违章现象：

工作任务未完成，擅自拆除接地线。

四、作业点未在接地保护范围

4.配合停电的线路未在交叉跨越或邻近线路处附近装设接地线。

违章现象：

在有带电交叉跨越线路施工时，未使用接地线。

四、作业点未在接地保护范围

5. 在平行或邻近带电设备、交叉跨越或同杆架设等易产生感应电压的地点工作，未加装工作接地线或个人保安线。

违章现象：

在有带电交叉跨越线路施工时，未使用工作接地线或个人保安线。

四、作业点未在接地保护范围

6.耐张塔挂线前，未使用导体将耐张绝缘子串短接。

违章现象：

耐张塔挂线前，未使用导体将耐张绝缘子串短接。

四、作业点未在接地保护范围

7. 放线区段有跨越、平行带电线路时，牵引机及张力机出线端的导（地）线及牵引绳上未安装接地滑车。

违章现象：

放线区段有平行带电线路，牵引机出线端的导线安装的滑车未接地。

五、高处作业失去保护

1. 高处作业人员在上下、转移作业位置时，失去安全保护。

违章现象:

作业人员高处作业失去安全保护。

五、高处作业失去保护

2. 高处作业未搭设脚手架，未使用高空作业车、升降平台或采取其他防止坠落措施。

违章现象：

高处作业人员未采取防坠落措施。

五、高处作业失去保护

3. 在深基坑口、坝顶、陡坡、屋顶、悬崖、杆塔、吊桥以及其他危险的边沿进行工作，临空一面未装设安全网或防护栏杆，或作业人员未使用安全带。

违章现象：

深基坑内作业，临空一面未装设安全网或防护栏杆。

六、无票作业

1. 未按照《安规》规定使用工作票（施工作业票）、操作票、事故紧急抢修单、作业申请单。

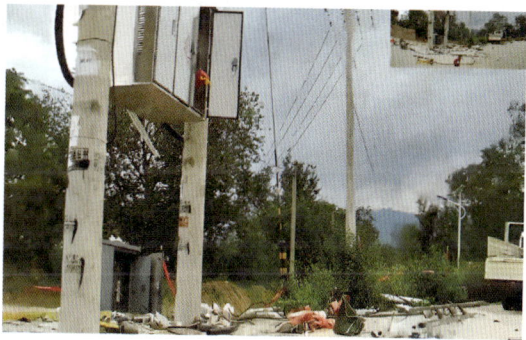

违章现象：

现场作业无工作票。

六、无票作业

2. 未根据值班调控人员或运维负责人正式发布的指令进行倒闸操作。

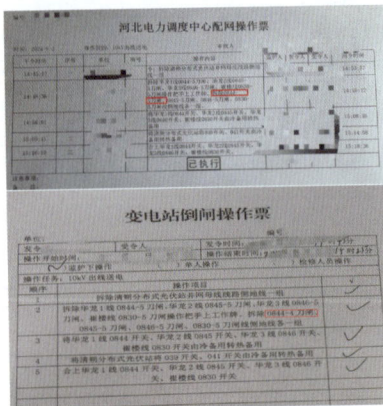

违章现象：

调度下令拆除 0844-5 刀闸线路侧接地线，实际却拆除了 0844-4 刀闸线路侧接地线。

六、无票作业

3. 在油罐区、注油设备、电缆间、计算机房、换流站阀厅等防火重点部位（场所）以及政府部门、本单位划定的禁止明火区动火作业时，未使用动火票。

违章现象：

变电站注油设备旁进行电焊动火工作，未使用动火票。

六、无票作业

4. 未针对跨越架搭设拆除、跨越封网等作业，办理被跨越电力线路的第一种工作票（停电情况）或第二种工作票（不停电情况）跨越未办理工作票。

违章现象：

跨越架搭建未使用工作票。

七、票面（包括作业票、工作票及分票、动火票、操作票等）关键内容缺失或错误

1. 操作票操作设备双重名称，拉合开关、刀闸的顺序以及位置检查、验电、装拆接地线（拉合接地刀闸）、投退保护压板（软压板）等关键内容遗漏或错误。

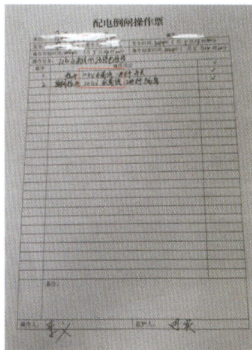

违章现象：

操作票中线路名称应该是 10kV 永南线 045 线路，操作票只写了 10kV 永南线，没有使用双重名称。

七、票面（包括作业票、工作票及分票、动火票、操作票等）关键内容缺失或错误

2. 工作票（含分票、工作任务单、动火票等）票面缺少工作许可人、工作负责人、工作票签发人、工作班成员（含新增人员）等签字信息。票面线路名称（含同杆多回线路双重称号）、设备双重名称填写错误。票面防触电、防高坠、防倒（断）杆、防窒息等重要安全技术措施遗漏或错误。工作票延期、工作负责人变更等未在票面上准确记录。作业票缺少审核人、签发人、作业人员（含新增人员）等签字信息。

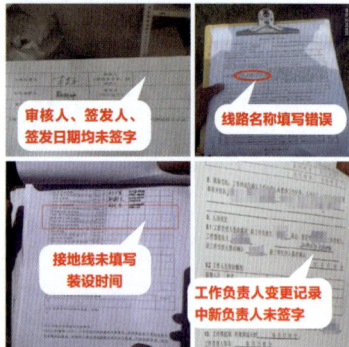

审核人、签发人、签发日期均未签字

线路名称填写错误

接地线未填写装设时间

工作负责人变更记录中新负责人未签字

违章现象：

作业票缺少签字信息或线路名称等错误。

七、票面（包括作业票、工作票及分票、动火票、操作票等）关键内容缺失或错误

3. 操作票发令、操作开始、操作结束时间以及工作票（含分票、工作任务单、动火票、作业票等）签发、许可、计划开工、结束时间存在逻辑错误或与实际不符。

违章现象：

工作票许可时间早于工作票签发时间。

八、工作负责人（作业负责人、专责监护人）不在现场

1. 工作负责人（作业负责人、专责监护人）未到作业现场。

工作负责人未在现场

违章现象：

工作负责人不在现场。

八、工作负责人（作业负责人、专责监护人）不在现场

2. 工作负责人（作业负责人）暂时离开作业现场时，未指定能胜任的人员临时代替；或长时间离开作业现场时，未由原工作票签发人变更工作负责人。

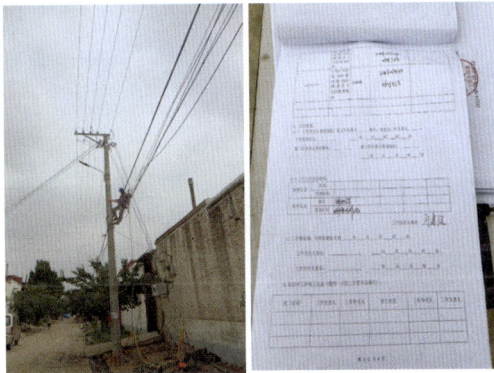

违章现象：

工作负责人长时间离开现场，未变更工作负责人。

八、工作负责人（作业负责人、专责监护人）不在现场

　　3. 专责监护人临时离开作业现场时，未通知被监护人员停止作业；或长时间离开作业现场时，未由工作负责人变更专责监护人。

违章现象：

专责监护人离开工作现场，未通知被监护人员停止作业，且作业中接打电话。

八、工作负责人（作业负责人、专责监护人）不在现场

4. 劳务分包人员担任工作负责人（作业负责人）。

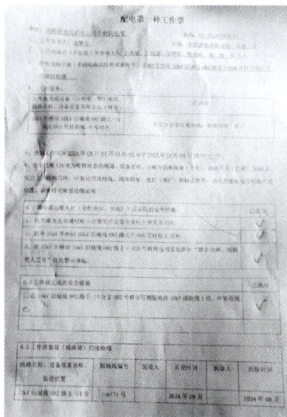

九、未经许可即开始工作；全部工作未结束即办理终结手续

1. 公司系统电网生产作业未经调度管理部门或设备运维管理单位许可，擅自开始工作。

违章现象：

未经调度管理部门或设备运维管理单位许可，擅自开始工作。

九、未经许可即开始工作；全部工作未结束即办理终结手续

2. 在用户设备上工作，许可工作前，工作负责人未检查确认用户设备的运行状态、安全措施是否符合作业的安全要求。

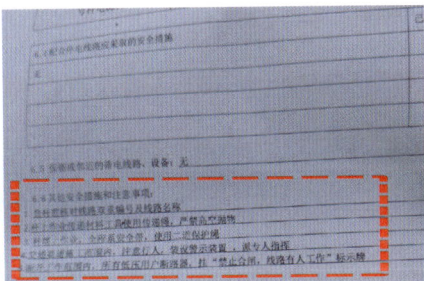

违章现象：

在用户设备上工作，许可工作前，工作负责人未检查确认用户设备的运行状态。

九、未经许可即开始工作；全部工作未结束即办理终结手续

3. 多小组工作时，小组负责人未得到工作负责人的许可即开始工作；工作负责人未得到所有小组负责人工作结束的汇报，就与工作许可人办理工作终结手续。

违章现象：

多小组工作时，小组负责人未得到工作负责人的许可即开始工作。

十、约时停、送电；带电作业约时停用或恢复重合闸

1. 电力线路或电气设备的停、送电未按照值班调控人员或工作许可人的指令执行，采取约时停、送电的方式进行倒闸操作。

违章现象：

现场施工约时送电。

十、约时停、送电；带电作业约时停用或恢复重合闸

2.需要停用重合闸或直流线路再启动功能的带电作业未由值班调控人员履行许可手续，采取约时方式停用或恢复重合闸或直流线路再启动功能。

违章现象：

约时方式停用重合闸。

十一、应用未用或使用不合格的安全工器具

1. 在高处作业、垂直交叉作业、立杆架线、起重吊装等存在高坠、物体打击风险的作业区域内，人员未佩戴安全帽。

违章现象：

高处作业人员未佩戴安全帽。

十一、应用未用或使用不合格的安全工器具

2. 操作没有机械传动的断路器（开关）、隔离开关（刀闸）或跌落式熔断器，未使用绝缘棒。

违章现象：

操作跌落式熔断器使用竹杆，未使用绝缘杆。

十一、应用未用或使用不合格的安全工器具

3.应用未用或使用的个体防护装备（安全带、安全绳、静电防护服、防电弧服、屏蔽服装等）、绝缘安全工器具 [验电器、接地线、绝缘手套（高压）、绝缘靴、绝缘杆、绝缘遮蔽罩、绝缘隔板等] 等专用工具和器具未检测或检测结果不合格。

违章现象：

主变压器试验时操作人未处于绝缘垫上，试验标签破损无法判断是否试验。

十二、人员资质不符合现场作业要求

1. 现场作业人员、监理人员未经安全准入考试并合格。

违章现象：

作业人员未安全准入就进入作业现场。

十二、人员资质不符合现场作业要求

2. 不具备"三种人"资格的人员担任工作票签发人、工作负责人或许可人。

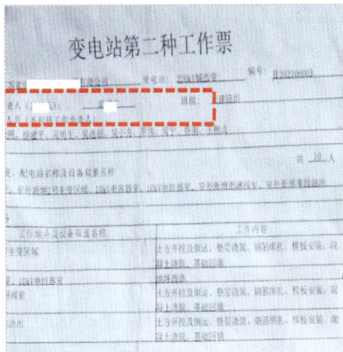

非工作票签发人进行工作票签发工作。

43

十二、人员资质不符合现场作业要求

3. 特种设备作业人员、特种作业人员、危险化学品从业人员未依法取得资格证书。

违章现象：

特种作业证在查询平台内未查到。

十三、未计算拉线、地锚受力情况和近电作业安全距离情况

1. 抱杆、牵张机、索道设备的地锚、拉线，铁塔锚固、导地线锚固的地锚、拉线受力情况未经过验算。

违章现象：

施工方案中未对拉线受力情况进行验算，造成人员登杆时产生倾斜。

十三、未计算拉线、地锚受力情况和近电作业安全距离情况

2. 在带电设备附近作业前，未根据带电体安全距离要求，对施工作业中可能进入安全距离内的人员、机具、构件等进行计算校核；或校核结果与现场实际不符，不满足安全要求时未采取有效措施。

违章现象：

邻近带电体，施工方案未对吊车作业安全距离进行计算校核。

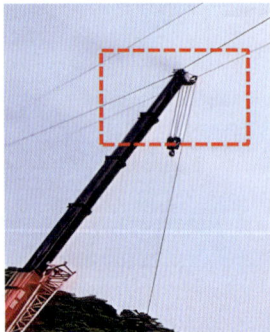

十三、未计算拉线、地锚受力情况和近电作业安全距离情况

3.地锚、拉线未经验收合格即投入使用。

违章现象:

牵引机地锚投入使用前未验收。

十四、专项施工方案未按规定编审批

1. 对"超过一定规模的危险性较大的分部分项工程"（含大修、技改等项目），未组织编制专项施工方案（含安全技术措施），未按规定论证和审批。

违章现象：

现场作业施工方案未完成审批。

十四、专项施工方案未按规定编审批

2. 针对《国家电网有限公司关于印发严控严防重特大人身事故硬措施通知》要求混凝土建（构）筑物垮塌、脚手架整体倒塌、深基坑及边坡施工等 12 类典型场景作业，未按规定编制、论证和审批专项施工方案。

违章现象：

施工现场无"三措一案"。

十五、重要工序、关键环节作业未按施工方案或规定程序开展

　　1. 电网建设工程施工重要工序及关键环节未按施工方案中作业方法、标准或规定程序开展作业。

违章现象：

施工现场立杆环节未按照施工方案进行。

十五、重要工序、关键环节作业未按施工方案或规定程序开展

2. 针对《国家电网有限公司关于印发严防严控重特大人身事故硬措施通知》15 类典型作业场景，未按规定落实强制措施。

普通事项

国家电网有限公司文件

国家电网安监〔2024〕433 号

国家电网有限公司关于印发
严防严控重特大人身事故措施的通知

国网设备部、营销部、数字化部、基建部、产业部、后勤部、国调中心、特高压部、水新部、各分部，各省（自治区、直辖市）电力公司、省级集团、新源集团、信通产业集团、空间技术公司、中兴公司、综能服务集团、信通公司、特高压公司：

为贯彻落实中央企业安全生产监督管理要求，坚决杜绝重特大人身事故发生，公司深入分析系统内外群死群伤事故案例，结合公司实际，梳理十五类可能构成十人及以上死亡的重特大人身事故典型场景，从专业管理和监督手段上研究制定了《严防严控重特大人身事故硬措施》。请各单位认真组织学习，抓好贯彻落

— 1 —

51

十六、擅自解除带电部位隔离措施

1. 擅自开启高压开关柜门、检修小窗。

违章现象：

此开关柜非检修地点，作业人员擅自打开。

十六、擅自解除带电部位隔离措施

2. 高压开关柜内手车开关拉出后，隔离带电部位的挡板未可靠封闭或擅自开启隔离带电部位的挡板。

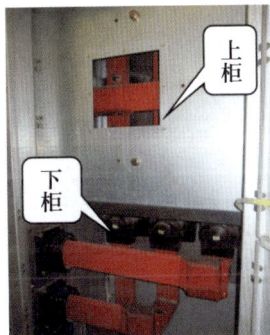

违章现象：

隔离带电部位的挡板未可靠封闭。

十六、擅自解除带电部位隔离措施

3. 擅自移动绝缘挡板（隔板）。

违章现象：

作业人员擅自移动绝缘挡板。

十七、电容性设备未充分放电

1. 电缆及电容器接地前未逐相充分放电，星形接线电容器的中性点未接地、串联电容器及与整组电容器脱离的电容器未逐个多次放电，装在绝缘支架上的电容器外壳未放电。

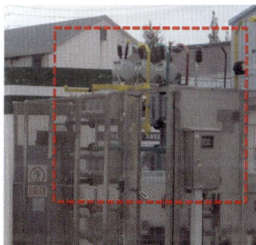

违章现象：

接地前未逐相充分放电。

违章现象：

接地开关拆除后，作业人员存在电容器残余电荷伤人危险。

十七、电容性设备未充分放电

2.高压试验变更接线或试验结束时，未将升压设备的高压部分放电、短路接地。未装接地线的大电容被试设备未先行放电再做试验。

违章现象：

未装接地线的大电容被试设备未先行放电再做试验。

十八、在带电设备周围违规使用金属器具

1. 在带电设备周围使用钢卷尺、皮卷尺和线尺（夹有金属丝者）进行测量工作。

违章现象：

在带电设备周围使用钢卷尺进行测量工作。

十八、在带电设备周围违规使用金属器具

2.在变、配电站（开关站）的带电区域内或邻近带电线路处，使用金属梯子、金属脚手架。

违章现象：

邻近带电线路施工现场使用金属梯子。

违章现象：

变电站邻近带电区域使用金属脚手架。

十九、大型机械在运行站内或邻近带电线路处违规作业

1. 在运行站内使用起重机、高空作业车、挖掘机等大型机械开展作业前，施工方案未经设备运维单位批准。

违章现象：

在运行站内使用起重机开展作业前，施工方案未经设备运维单位批准。

十九、大型机械在运行站内或邻近带电线路处违规作业

2. 未经设备运维单位批准，擅自改变运行站内起重机、高空作业车、挖掘机等大型机械的工作内容、工作方式、行进路线、作业地点等。

违章现象：

未经设备运维单位批准，擅自改变运行站内高空作业车作业地点。

十九、大型机械在运行站内或邻近带电线路处违规作业

3. 近电作业起重机、高空作业车未接地。

违章现象：

近电作业吊车未接地。

十九、大型机械在运行站内或邻近带电线路处违规作业

4. 近电吊装作业人员徒手扶持吊件。

违章现象：

带电立杆现场吊装作业人员徒手扶持吊件。

二十、立（拆）杆塔、架（撤）线作业未按规定采取防倒杆塔措施

1. 地脚螺栓与螺母型号不匹配。

违章现象：

地脚螺栓与螺母型号不匹配，导致杆塔倾倒事故。

二十、立（拆）杆塔、架（撤）线作业未按规定采取防倒杆塔措施

2. 耐张杆塔非平衡紧挂线、撤线前，未设置杆塔临时拉线或其他补强措施。

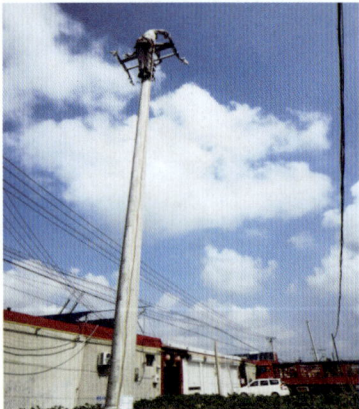

违章现象：

耐张杆塔非平衡紧挂线前，未设置临时拉线等补强措施。

二十、立（拆）杆塔、架（撤）线作业未按规定采取防倒杆塔措施

3. 在永久拉线未全部安装完成的情况下就拆除临时拉线。

违章现象：

永久拉线未全部安装完成的情况下就拆除临时拉线。

二十、立（拆）杆塔、架（撤）线作业未按规定采取防倒杆塔措施

4. 拉线塔分解拆除时未先将原永久拉线更换为临时拉线再进行拆除作业。

违章现象：

拉线塔分解拆除时未先将原永久拉线更换为临时拉线再进行拆除作业。

二十、立（拆）杆塔、架（撤）线作业未按规定采取防倒杆塔措施

5. 杆塔整体拆除时，未增设拉线控制倒塔方向。

违章现象：

杆塔整体拆除时，未增设拉线控制倒塔方向。

二十、立（拆）杆塔、架（撤）线作业未按规定采取防倒杆塔措施

6. 带张力断线或采用突然剪断导、地线的做法松线。

违章现象：

采用剪断导线的做法松线。

二十、立（拆）杆塔、架（撤）线作业未按规定采取防倒杆塔措施

7. 杆塔上有人时，调整或拆除拉线。

违章现象：

杆塔上有人时，调整拉线。

二十、立（拆）杆塔、架（撤）线作业未按规定采取防倒杆塔措施

8. 紧断线平移导线挂线作业未采取交替平移子导线的方式。

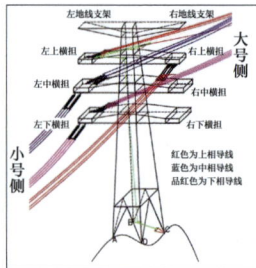

违章现象：

某 500kV 输电线路工程进行导线移线作业时，未采取交替平移子导线的方式，造成铁塔受力不均导致倒塔事故。

二十一、采用正装法对接组立悬浮抱杆

违章现象：

采用正装法组立超过 30m 的悬浮抱杆，导致铁塔拦腰折断。

二十二、牵引过程中人员处于受力绳索内角侧或直接拉拽受力导、引线

　　1. 牵引过程中作业人员站在或跨在已受力的牵引绳、起吊绳、导地线的内角侧以及展放的线圈内。

违章现象：

牵引过程中作业人员站在已受力牵引绳的内角侧。

二十二、牵引过程中人员处于受力绳索内角侧或直接拉拽受力导、引线

2. 放线、紧线，遇导、地线有卡、挂住现象，未松线后处理，操作人员站在线弯的内角侧，用手直接拉、推导地线。

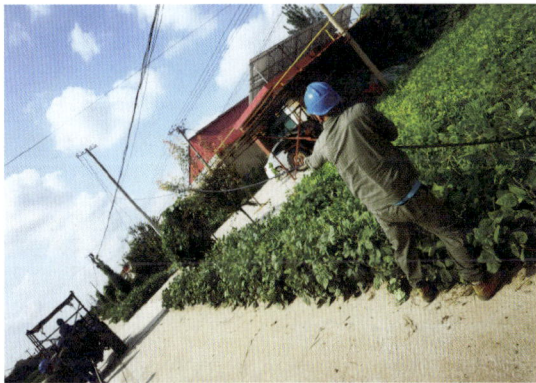

违章现象：

放线挂住时，操作人员在线弯的内角侧，用手直接拉、推导线。

二十三、跨越施工未采取跨越架、封网等安全措施

　　跨越带电线路、电气化铁路、高速公路、通航河流展放导（地）线作业，未采取跨越架、封网等安全措施，或跨越架、封网未经验收合格即投入使用。

10kV 电力线

通行公路

违章现象：

跨越高速公路，未采取跨越架等安全措施。

二十四、货运索道载人或超载使用

物料提升系统、货运小车等非载人提升设施及货运索道载人。

违章现象：

货运索道载人，并且人员未戴安全帽。

二十五、起重吊装作业未采取防倾倒措施，超限吊装

1. 起重设备、受力工器具（抱杆连接螺栓、吊索具、卸扣等）超负荷使用。

违章现象：

起重设备超负荷使用。

二十五、起重吊装作业未采取防倾倒措施，超限吊装

2. 起重机车轮、支腿或履带的前端、外侧与沟、坑边缘的距离小于沟、坑深度的 1.2 倍时，未采取防倾倒、防坍塌措施。

违章现象：

起重机支腿与沟的距离小于沟深度的 1.2 倍时，未采取防倾倒、防坍塌措施。

二十五、起重吊装作业未采取防倾倒措施，超限吊装

3. 吊车未安装限位器。

违章现象：

吊车无限位装置。

二十六、起重作业无专人指挥

1. 被吊重量达到起重作业额定起重量的 80%。

违章现象：

被吊重量达到起重作业额定起重量的 80%，无专人指挥。

二十六、起重作业无专人指挥

2. 两台及以上起重机械联合作业。

违章现象：

两台及以上起重机械联合作业，无专人指挥。

二十六、起重作业无专人指挥

3. 起吊精密物件、不易吊装的大件或在复杂场所（人员密集区、场地受限或存在障碍物）进行大件吊装。

违章现象：

在复杂场所（人员密集区）进行大件吊装，无专人指挥。

二十六、起重作业无专人指挥

4. 起重机械在邻近带电区域作业。

违章现象：

起重机械在邻近带电区域作业，无专人指挥。

二十六、起重作业无专人指挥

5.易燃易爆品必须起吊时。

违章现象：

易燃易爆品必须起吊时，无专人指挥。

二十六、起重作业无专人指挥

6.起重机械设备自身的安装、拆卸。

违章现象：

起重机械设备自身的安装、拆卸，无专人指挥。

二十六、起重作业无专人指挥

7. 新型起重机械首次在工程上应用。

违章现象：

新型起重机械首次在工程上应用，无专人指挥。

二十七、对带有压力的设备开展拆解作业前未泄压

违章现象：

对带有压力的设备开展拆解作业前未泄压。

二十八、平衡挂线时，在同一相邻耐张段的同相导线上进行其他作业

违章现象：

平衡挂线时，在耐张塔两侧的同相导线上进行其他作业。

二十九、高空锚线未设置二道保护措施

1. 平衡挂线、导地线更换作业过程中，高空锚线未设置二道保护措施。

违章现象：

平衡挂线、导地线更换作业过程中，高空锚线未设置二道保护措施。

二十九、高空锚线未设置二道保护措施

2.更换绝缘子串和移动导线作业过程中，采用单吊（拉）线装置时，未设置防导线脱落的后备保护措施。

违章现象：

更换绝缘子串和移动导线作业过程中，采用单吊（拉）线装置时，未设置防导线脱落的后备保护措施。

三十、有限空间作业未执行"先通风、再检测、后作业"要求；未正确设置监护人；未配置或不正确使用安全防护装备、应急救援装备

1. 有限空间 [电缆井、电缆隧道、深度超过 2m 的基坑及沟（槽）内且相对密闭、容易聚集易燃易爆及有毒气体] 作业前未通风、未检测。

违章现象：

有限空间未进行有害气体检测。

三十、有限空间作业未执行"先通风、再检测、后作业"要求；未正确设置监护人；未配置或不正确使用安全防护装备、应急救援装备

2. 在有限空间内作业期间，气体检测浓度高于规定要求，冒险作业。

违章现象：

在有限空间内作业期间，氧气检测浓度低于规定要求，冒险作业。

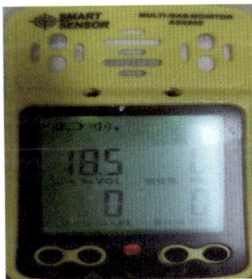

三十、有限空间作业未执行"先通风、再检测、后作业"要求；未正确设置监护人；未配置或不正确使用安全防护装备、应急救援装备

3. 未根据有限空间作业环境和作业内容，配备气体检测设备、呼吸防护用品、坠落防护用品、其他个体防护用品，通风设备、照明设备、通讯设备，以及应急救援装备等。

违章现象：

未根据有限空间作业环境和作业内容，配备气体检测通风设备。

三十、有限空间作业未执行"先通风、再检测、后作业"要求；未正确设置监护人；未配置或不正确使用安全防护装备、应急救援装备

4. 有限空间作业未在入口设置监护人或监护人擅离职守。

违章现象：

有限空间作业未在入口设置监护人。

三十一、危险性较大的施工平台无施工方案、超载使用

1. 悬吊式作业平台、混凝土承重支撑架、24m 以上落地脚手架无施工方案，使用前未经监理验收即投入使用。

违章现象:

24m 以上落地脚手架无施工方案。

三十一、危险性较大的施工平台无施工方案、超载使用

2.吊篮、悬吊式作业平台未设置上限位装置，在作业面下方涉及危险部位、设备设施安全防护、交叉作业等情况的未设置下限位装置。

违章现象：

吊篮、悬吊式作业平台未设置上限位装置。

三十一、危险性较大的施工平台无施工方案、超载使用

3. 吊篮、悬吊式作业平台、混凝土承重支撑架、24m 以上落地脚手架超载使用或荷载严重不均。

违章现象：

悬吊式作业平台荷载严重不均。

三十一、危险性较大的施工平台无施工方案、超载使用

4. 脚手架拆除作业未按自上而下的顺序进行，采用上下层同时作业、自下而上或推倒的方式拆除脚手架。

违章现象：

脚手架拆除作业未按自上而下的顺序进行。

三十二、硐室及高边坡施工未进行安全监测、支护不及时

1. 硐室开挖未按照规范要求进行超前地质预报，未对硐室围岩稳定情况进行安全确认。

违章现象：

硐室开挖未按照规范要求进行超前地质预报。

三十二、硐室及高边坡施工未进行安全监测、支护不及时

2. 硐室和高边坡开挖未按照规范要求进行安全监测和观测分析。

违章现象：

硐室和高边坡开挖未按照规范要求进行安全监测和观测分析。

三十二、硐室及高边坡施工未进行安全监测、支护不及时

3. 硐室开挖爆破后，未根据作业面裸露围岩情况采取随机支护措施或未按照设计要求进行跟进支护情况下，擅自进行下道工序施工。

违章现象：

硐室开挖爆破后，未根据作业面裸露围岩情况采取随机支护措施。

三十二、硐室及高边坡施工未进行安全监测、支护不及时

4. 对断层、裂隙、破碎带等不良地质构造的高边坡，未按设计要求采取锚喷或加固等支护措施。

违章现象：

对断层、裂隙、破碎带等不良地质构造的高边坡，未按设计要求采取锚喷。

三十二、硐室及高边坡施工未进行安全监测、支护不及时

5.强降雨或长时间降雨后，未检查确认护坡稳定性即进入护坡下方。

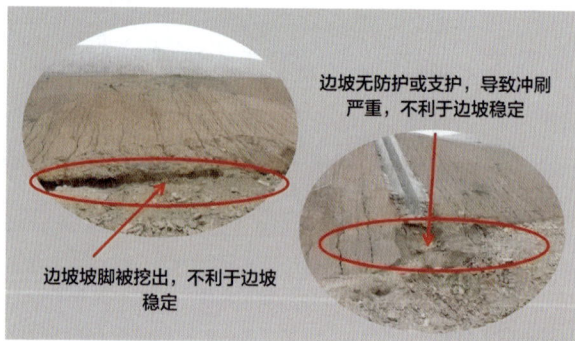

边坡无防护或支护，导致冲刷严重，不利于边坡稳定

边坡坡脚被挖出，不利于边坡稳定

违章现象：

未检查确认护坡稳定性即进入护坡下方。

三十三、模板支架拆除时混凝土强度未达到设计或规范要求

1. 高支模混凝土施工中，混凝土强度未达到设计要求时，拆除模板。

违章现象：

高支模混凝土施工中，混凝土强度未达到设计要求时，拆除模板。

三十三、模板支架拆除时混凝土强度未达到设计或规范要求

2. 模板滑升、混凝土出模时，混凝土发生流淌或局部塌落现象。

违章现象：

模板滑升、混凝土出模时，混凝土发生局部塌落现象。

三十三、模板支架拆除时混凝土强度未达到设计或规范要求

3. 模板爬升时，承载体受力处的混凝土强度小于10MPa，或不满足设计要求。

违章现象：

模板爬升时，承载体受力处的混凝土强度小于10MPa。

三十四、进入水轮机（水泵）内部、检修主进水阀未隔离水源

1. 进入水轮机（水泵）内部工作时，未严密关闭进水闸门（或进水阀），并保持输水管道排水阀和蜗壳排水阀全开启；未切断调速器操作油压；未切断水导轴承油（水）源、主轴密封润滑水源和调相充气气源等。

违章现象：

进入水轮机（水泵）内部工作时，未严密关闭进水闸门。

三十四、进入水轮机（水泵）内部、检修主进水阀未隔离水源

2. 进水阀检修时，未严密关闭进水口检修闸门及尾水闸门，切断闸门的操作源，做好彻底隔离水源措施；未关闭所有可能向检修区域管道来压（油、水、气）的管路阀门；未打开上游输水管道、蜗壳排水阀；对带有配重块的进水球阀拐臂，检修拐臂时未做好防止配重块坠落的安全措施。

违章现象：

进水阀检修时，未严密关闭进水口检修闸门。

三十五、水电工程竖（斜）井作业关键部位未防护、封闭

1. 竖（斜）井施工未对洞口采取防护措施。

违章现象：

竖（斜）井施工未对洞口采取防护措施。

三十五、水电工程竖（斜）井作业关键部位未防护、封闭

2. 竖（斜）井导井口未封闭（溜渣、爆破作业时除外）。

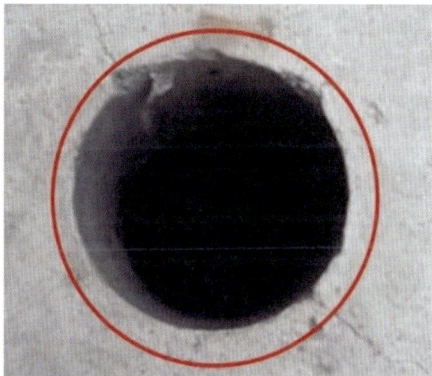

违章现象：

竖井导井口未封闭。

三十五、水电工程竖（斜）井作业关键部位未防护、封闭

3. 竖（斜）井内上下层同时作业。

违章现象：

竖（斜）井内上下同时作业。